런런 숙스퍼드 수학

KB130604

1권

100까지 수 세기

안녕!
난 톨리야.

차례

 수 세기

 동그라미 하기

 선 잇기

 그리기

 쓰기

 따라 쓰기

 놀이하기

 스티커 붙이기

 색칠하기

0~10 수 읽고 쓰기

 화살표 방향대로 숫자를 따라 쓰고, 흐린 글자를 따라 쓰세요.

 빈 곳에 숫자를 쓰고 읽어 보세요.

0	영		0
1	일	하나	
2	이	둘	
3	삼	셋	
4	사	넷	
5	오	다섯	
6	육	여섯	
7	칠	일곱	
8	팔	여덟	
9	구	아홉	
10	십	열	

수의 순서에 맞도록 ☐ 안에 알맞은 수를 쓰세요.

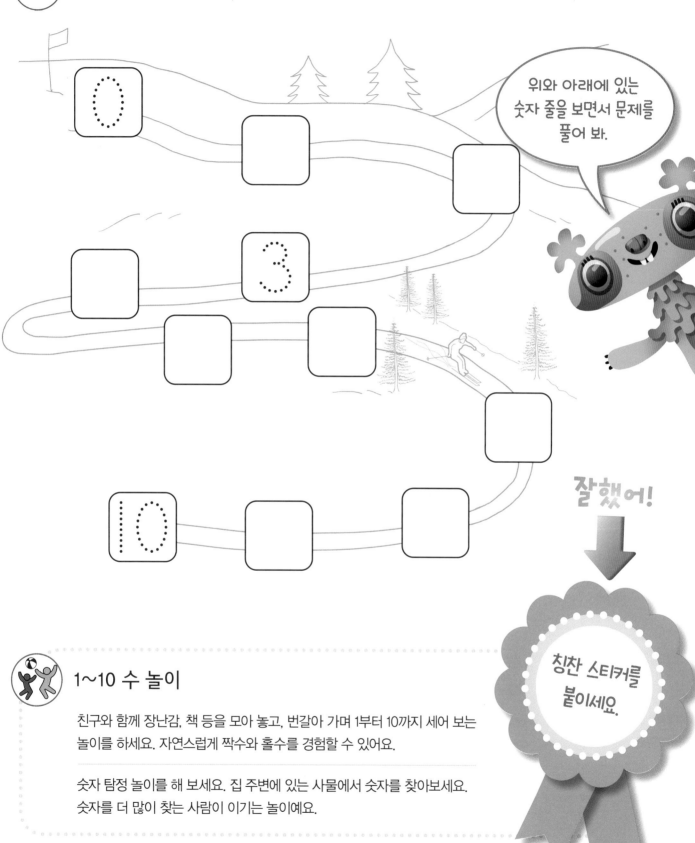

위와 아래에 있는 숫자 줄을 보면서 문제를 풀어 봐.

잘했어!

칭찬 스티커를 붙이세요.

1~10 수 놀이

친구와 함께 장난감, 책 등을 모아 놓고, 번갈아 가며 1부터 10까지 세어 보는 놀이를 하세요. 자연스럽게 짝수와 홀수를 경험할 수 있어요.

숫자 탐정 놀이를 해 보세요. 집 주변에 있는 사물에서 숫자를 찾아보세요. 숫자를 더 많이 찾는 사람이 이기는 놀이예요.

문제를 다 푼 다음, 32쪽으로!

11~20 수 읽고 쓰기

수 이름을 잘 기억하고 있니? 한번 더 확인해 봐!

 화살표 방향대로 숫자를 따라 쓰고, 흐린 글자를 따라 쓰세요.

 빈 곳에 숫자를 쓰고 읽어 보세요.

11	십일	열하나
12	십이	열둘
13	십삼	열셋
14	십사	열넷
15	십오	열다섯
16	십육	열여섯
17	십칠	열일곱
18	십팔	열여덟
19	십구	열아홉
20	이십	스물

각 수만큼 되도록 ●을 그리세요.

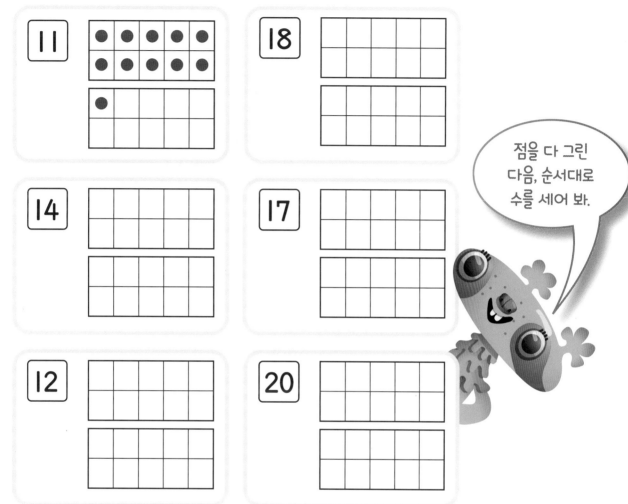

점을 다 그린 다음, 순서대로 수를 세어 봐.

 11~20 수 놀이

친구와 함께 카드 게임을 해 보세요. 우선 빈 카드 20장을 준비하세요. 빈 카드 10장에는 11부터 20까지 숫자를 쓰고, 다른 빈 카드 10장에는 '십일'부터 '이십'까지 수 이름을 쓰세요. 숫자 카드와 수 이름 카드를 분리해서 섞은 다음, 뒷면이 보이도록 차곡차곡 쌓으세요. 각각 맨 위에 있는 카드를 한 장씩 뒤집어서 숫자와 수 이름이 일치하면 가져와요. 번갈아 가며 카드를 뒤집어서 카드를 많이 가져오는 사람이 이기는 게임이에요.

칭찬 스티커를 붙이세요.

문제를 다 푼 다음, 32쪽으로!

10개씩 묶음과 낱개로 십몇 알기

 낱개의 수만큼 블록을 그리세요.

 블록은 모두 몇 개인지 ⬚ 안에 알맞은 수를 쓰세요.

| 10 | 4 | 14 |

잘했어!

칭찬 스티커를 붙이세요.

0~100 수 세기와 쓰기

 수의 순서에 맞도록 ☐ 안에 알맞은 수를 쓰세요.

1	☐	☐	☐	5	6	7	8	9	10
11	12	13	14	15	16	☐	18	19	20
21	22	23	24	25	26	27	28	29	☐
☐	32	33	34	☐	☐	37	38	39	40
41	42	43	44	45	46	47	48	☐	☐
☐	52	53	54	55	56	57	58	59	60
61	62	☐	64	65	66	67	68	69	70
71	72	73	☐	☐	☐	77	78	79	80
☐	82	83	84	85	86	87	☐	89	90
☐	☐	93	94	95	96	97	98	99	☐

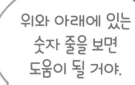

위와 아래에 있는 숫자 줄을 보면 도움이 될 거야.

 0~100 수 찾기 놀이

숫자 탐정이 되어 보세요. 외출을 하기 전에 0부터 100까지의 숫자 중에서 하나를 고르세요. 그리고 밖에 나가 있는 동안 그 숫자를 찾아보는 거예요. 다음 외출할 때에는 또 다른 숫자를 골라 찾아보세요.

문제를 다 푼 다음, 32쪽으로!

0~100 순서대로 수 세기

 수를 순서대로 세어 보세요.

 빈 풍선에 알맞은 숫자 풍선 스티커를 붙이세요.

 빈 깃발에 알맞은 수를 쓰세요.

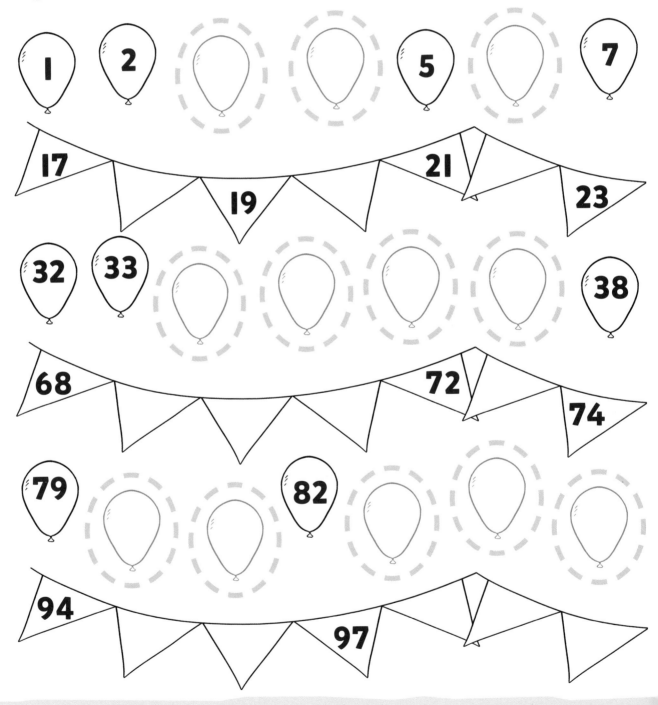

100~0 거꾸로 수 세기

 수를 거꾸로 세어 보세요.

 빈 곳에 알맞은 수를 쓰세요.

5 ⬜ ⬜ ⬜ 2 ⬜ 0

13 ⬜ ⬜ ⬜ ⬜ 9 8

28 27 ⬜ ⬜ ⬜ 23

41 ⬜ ⬜ ⬜ 37 ⬜

72 ⬜ ⬜ ⬜ 68 ⬜

95 ⬜ ⬜ ⬜ ⬜ 90

위와 아래에 있는 숫자 줄을 보면서 마지막 숫자부터 거꾸로 세어 봐!

칭찬 스티커를 붙이세요.

문제를 다 푼 다음, 32쪽으로!

2씩 뛰어 세기

  을 이용해 2씩 뛰어 세기를 해 보세요.

✎ ☐ 안에 알맞은 수를 쓰세요.

| 0 | | 4 | | | 10 |

 슬리퍼를 2씩 뛰어 세어 보세요.

✎ 슬리퍼는 모두 몇 개인지 모래성 안에 알맞은 수를 쓰세요.

  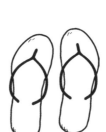

  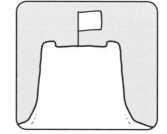

16

톨리가 아이스크림을 먹을 수 있도록 2씩 뛰어 센 수가 쓰인 칸을
차례대로 색칠하세요.

	0	2	3	20	18
	1	4	9	14	15
9	7	8	6	10	9	16
14	13	10	5	18	20	
12	11	12	14	16	17	

 2씩 뛰어 세기가
어려우면 숫자 줄을
보면서 숫자를 하나씩
건너 세어 봐.

2씩 뛰어 세기 놀이

두 발로 점프하면서 2씩 뛰어 세기를
해 보세요. 제자리에서 점프할 수도 있고,
줄을 넘거나 이리저리 자유롭게 뛰어다니면서
점프할 수 있어요.

집 밖으로 나가 눈에 보이는 두발자전거의
바퀴 수를 모두 세어 보세요. 두발자전거는
바퀴가 2개예요. 2씩 뛰어 세기를 하면서
세어 보세요.

칭찬 스티커를
붙이세요.

문제를 다 푼 다음, 32쪽으로!

10씩 뛰어 세기

 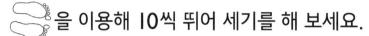을 이용해 10씩 뛰어 세기를 해 보세요.

☐ 안에 알맞은 수를 쓰세요.

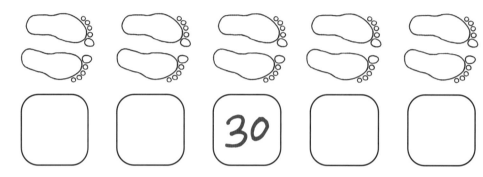

0			30		

 10부터 시작해서 10씩 뛰어 센 수가 쓰인 칸을 모두 색칠하세요.

1	2	3	4	5	6	7	8	9	10
11	12	13	14	15	16	17	18	19	20
21	22	23	24	25	26	27	28	29	30
31	32	33	34	35	36	37	38	39	40
41	42	43	44	45	46	47	48	49	50
51	52	53	54	55	56	57	58	59	60
61	62	63	64	65	66	67	68	69	70
71	72	73	74	75	76	77	78	79	80
81	82	83	84	85	86	87	88	89	90
91	92	93	94	95	96	97	98	99	100

60

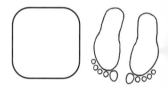

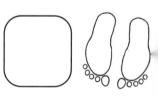

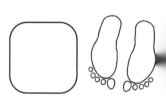

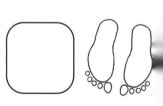

10부터 시작해서 10씩 뛰어 센 수를 모두 찾아 ◯표 하세요.

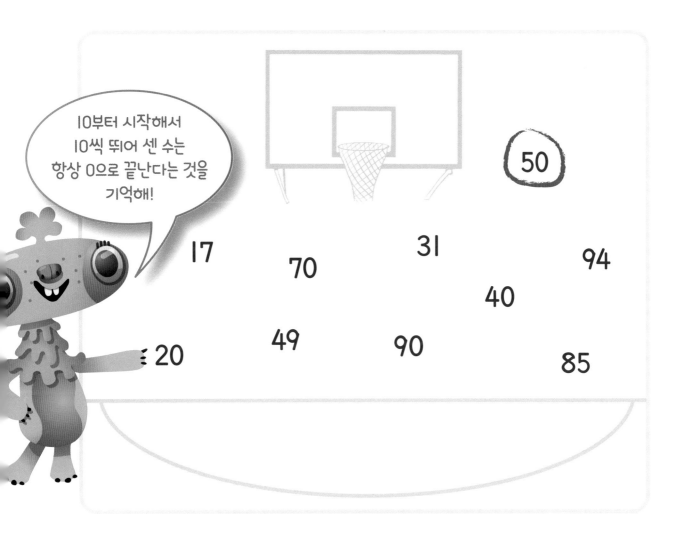

10부터 시작해서 10씩 뛰어 센 수는 항상 0으로 끝난다는 것을 기억해!

50 17 70 31 94 40 49 90 85 20

 10씩 뛰어 세기 놀이

양손을 동시에 쥐었다 펴면서 열 손가락을 보여 주세요. 그리고 양손을 한 번 쥐었다 펼 때마다 10씩 뛰어 세기를 해 보세요. 양손을 쥐었다 펴는 속도를 천천히 또는 점점 빨리 하면 수 세기 놀이가 더 재미있어요.

가족이 모두 모여 10씩 뛰어 세기 놀이를 해 보세요. 가족이 동시에 내민 양손, 양발의 손가락과 발가락 수를 세면서 10씩 뛰어 세기를 해 보세요.

칭찬 스티커를 붙이세요.

문제를 다 푼 다음, 32쪽으로!

5씩 뛰어 세기

 을 이용해 5씩 뛰어 세기를 해 보세요.

 ☐ 안에 알맞은 수를 쓰세요.

| 0 | | | | 20 | |

 5부터 시작해서 5씩 뛰어 센 수가 쓰인 칸을 모두 색칠하세요.

1	2	3	4	5	6	7	8	9	10
11	12	13	14	15	16	17	18	19	20
21	22	23	24	25	26	27	28	29	30
31	32	33	34	35	36	37	38	39	40
41	42	43	44	45	46	47	48	49	50
51	52	53	54	55	56	57	58	59	60
61	62	63	64	65	66	67	68	69	70
71	72	73	74	75	76	77	78	79	80
81	82	83	84	85	86	87	88	89	90
91	92	93	94	95	96	97	98	99	100

45

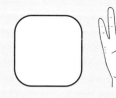

0부터 100까지 5씩 뛰어 센 수를 순서대로 이으세요.

선을 다 그은 다음, 다섯 손가락으로 탁자를 톡톡 두드리면서 5씩 뛰어 세기를 해 봐.

 ## 5씩 뛰어 세기 놀이

한 손을 쥐었다 펴서 다섯 손가락을 보여 주세요. 그리고 한 손을 한 번 쥐었다 펼 때마다 5씩 뛰어 세기를 해 보세요. 한 손을 쥐었다 펴는 속도를 천천히 또는 빨리 하면서 놀이해 보세요.

주변에서 5씩 뛰어 센 수를 찾아보세요. 버스 번호, 광고판, 자동차 번호판, 시계, 표지판 등에서 찾아볼 수 있어요.

칭찬 스티커를 붙이세요.

문제를 다 푼 다음, 32쪽으로!

수 이름 퍼즐

✎ ⋯를 잘 보고, ☐ 안에 알맞은 수 이름을 쓰세요.

오   칠

영   구

❶	❷	❸
		❹
❼	❻	❺
❽		
❾	❿	⓫

사   팔

육   이

삼   십

일

❶ 4   ❷ 1   ❸ 2   ❹ 7

❺ 0   ❻ 5   ❼ 9   ❽ 3

❾ 10   ❿ 6   ⓫ 8

★★   □ 안의 세는 말을 모두 찾아 묶으세요.

가	라	열	아	홉	잠
나	비	다	마	열	셋
열	여	섯	차	넷	감
여	십	사	열	일	곱
덟	바	과	둘	자	수
열	하	나	별	스	물

~~열하나~~	열여섯
열둘	열일곱
열셋	열여덟
열넷	열아홉
열다섯	스물

퍼즐 판에
숨어 있는 다른 낱말도
잘 찾아봐!

칭찬 스티커를
붙이세요.

문제를 다 푼 다음, 32쪽으로!

0~100 수의 순서 알기

 수의 순서에 맞도록 ☐ 안에 알맞은 수를 쓰세요.

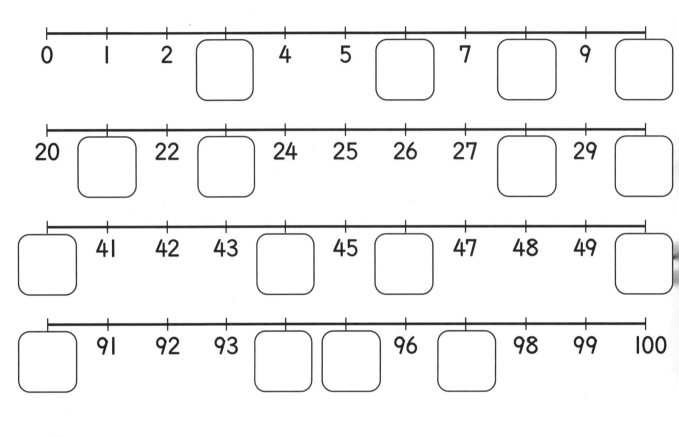

0 1 2 ☐ 4 5 ☐ 7 ☐ 9 ☐

20 ☐ 22 ☐ 24 25 26 27 ☐ 29 ☐

☐ 41 42 43 ☐ 45 ☐ 47 48 49 ☐

☐ 91 92 93 ☐ ☐ 96 ☐ 98 99 100

 다음 수를 순서대로 ☐ 안에 쓰세요.

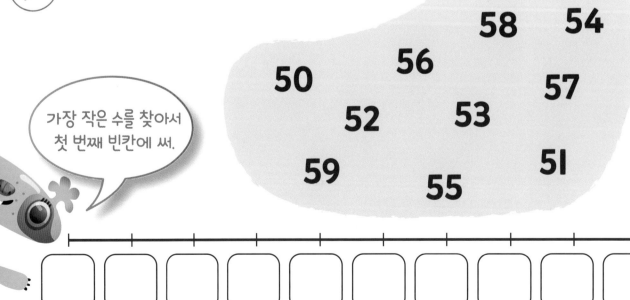

가장 작은 수를 찾아서 첫 번째 빈칸에 써.

58 54 56 50 57 52 53 59 51 55

☐ ☐ ☐ ☐ ☐ ☐ ☐ ☐ ☐ ☐

어림하여 세기

 각 동물들이 몇 마리인지 어림한 후 세어 보세요.

어림한 수 ☐

센 수 ☐

 어림하여 세기는 강 짐작해서 몇인지 말해 보는 거야.

어림한 수 ☐

센 수 ☐

어림한 수 ☐

센 수 ☐

순서 맞히기, 어림하기 놀이

끈을 이어서 작은 빨랫줄을 만드세요. 종이를 오려 카드를 여러 장 만든 다음, 각각의 카드에 수를 이어서 쓰세요. 예를 들면 0～10, 20～30, 60～70처럼 수를 이어서 쓰면 돼요. 수 카드가 완성되면 잘 섞은 다음, 수의 순서대로 카드를 집게로 빨랫줄에 걸어 보세요.

젤리나 사탕을 손으로 한 움큼 쥐어서 꺼낸 다음, 몇 개인지 어림하여 그 수를 말해 보세요. 실제로 수를 센 다음, 어림한 수와 같은지 다른지 말해 보세요.

칭찬 스티커를 붙이세요.

문제를 다 푼 다음, 32쪽으로!

1만큼 더 큰 수, 1만큼 더 작은 수

 블록을 1개 더 그려서 1만큼 더 큰 수를 만드세요.

 블록은 모두 몇 개인지 ⬡ 안에 알맞은 수를 쓰세요.

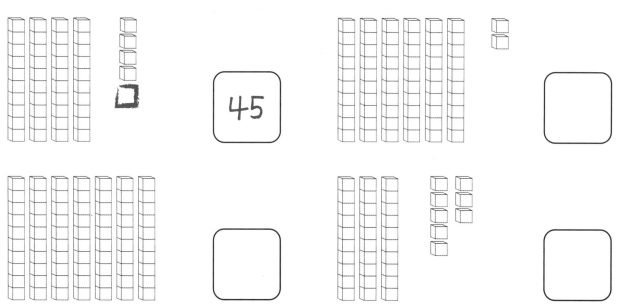

45

 블록을 1개 지워서 1만큼 더 작은 수를 만드세요.

 블록은 모두 몇 개인지 ⬡ 안에 알맞은 수를 쓰세요.

22

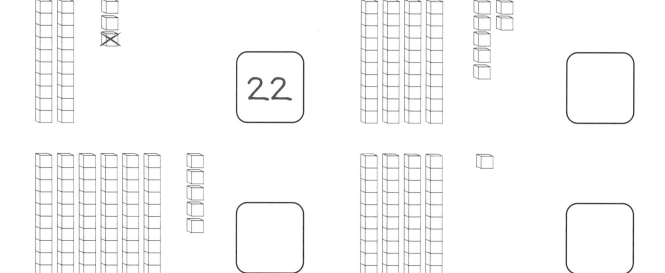

☐ 안에 1만큼 더 작은 수를 쓰고, ☐ 안에 1만큼 더 큰 수를 쓰세요.

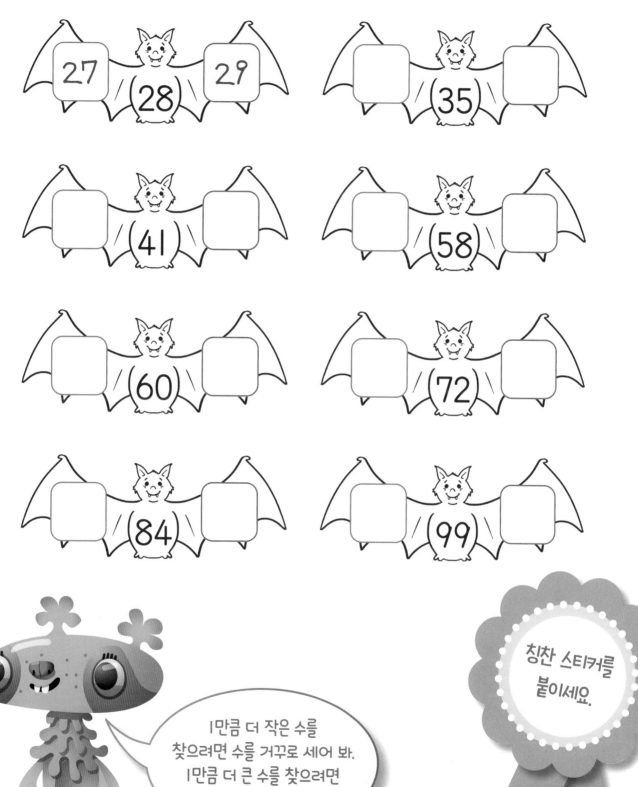

27 (28) 29

(35)

(41)

(58)

(60)

(72)

(84)

(99)

1만큼 더 작은 수를 찾으려면 수를 거꾸로 세어 봐. 1만큼 더 큰 수를 찾으려면 수를 앞으로 세어 봐.

칭찬 스티커를 붙이세요.

문제를 다 푼 다음, 32쪽으로!

더 큰 수, 더 작은 수

 짝 지어진 두 수 중에서 더 큰 수에 ◯표 하세요.

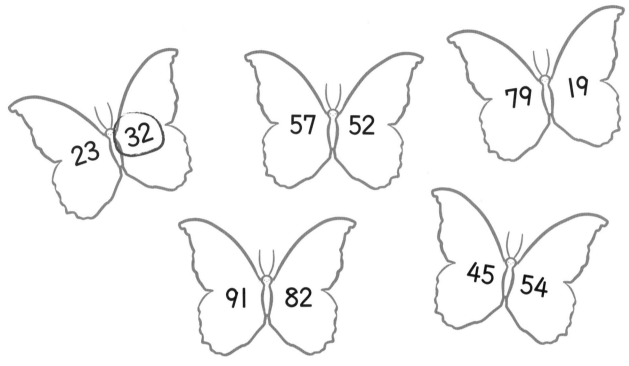

 짝 지어진 두 수 중에서 더 작은 수에 ◯표 하세요.

공의 수를 세어 보세요.

 공의 수보다 더 큰 수가 되도록 방망이를 그리세요.

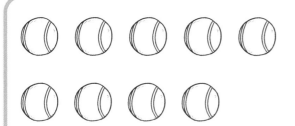

 물뿌리개의 수를 세어 보세요.

 물뿌리개의 수보다 더 작은 수가 되도록 꽃을 그리세요.

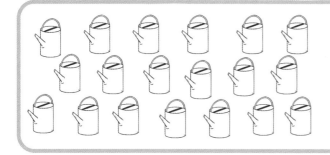

 ## 더 큰 수, 더 작은 수 놀이

10원, 50원, 100원, 500원짜리 동전을 하나씩 준비해서 주머니에 넣으세요.
주머니에 손을 넣고 동전 두 개를 꺼낸 다음, 동전에 쓰인 수를 각각
확인하세요. 둘 중 더 큰 수가 쓰인 동전을 찾아보세요.

친구들과 깡충깡충 뜀뛰기 경주를 해 보세요. 둘씩 짝을 지어 뜀뛰기하면서
그 수를 각각 세어 보세요. 누가 더 많이 뛰었는지, 누가 더 적게 뛰었는지
세어 보세요.

칭찬 스티커를 붙이세요.

문제를 다 푼 다음, 32쪽으로!

0 1 2 3 4 5 6 7 8 9 10 11 12 13 14 15 16 17 18 19 20 21 22 23 24 25

사이에 있는 수

 빈 곳에 알맞은 수가 쓰여 있는 옷 스티커를 찾아 붙이세요.

59 · 61 · 11 · 13

89 · 91 · 29 · 31

43 · 45 · 94 · 96

22 · 24 · 77 · 79

65 · 67 · 4 · 6

51 52 53 54 55 56 57 58 59 60 61 62 63 64 65 66 67 68 69 70 71 72 73 74 75

같은 수 찾기

 같은 수를 찾아 선으로 이으세요.

수를 더 세어 보자!

열둘

24

83

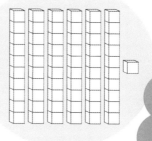

칭찬 스티커를 붙이세요.

 같은 수 찾기 놀이

스케치북에 숫자 15를 쓴 다음, 다양한 방법으로 수를 나타내 보세요.
동그라미나 세모를 15개 그려 보고, 수 이름 '십오'를 써 보세요. 작은 구슬이나
장난감을 15개 모아도 좋아요. 다른 숫자도 같은 방법으로 놀이하세요.

문제를 다 푼 다음, 32쪽으로!

가장 많은, 가장 적은

 꽃잎의 수가 같은 꽃 스티커를 찾아 붙이세요.

 꽃잎의 수를 각각 세어 보세요.

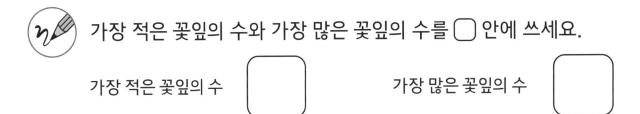 가장 적은 꽃잎의 수와 가장 많은 꽃잎의 수를 ⬚ 안에 쓰세요.

가장 적은 꽃잎의 수 ⬚   가장 많은 꽃잎의 수 ⬚

 트럭 두 대를 그리세요.
둘 중 하나는 바퀴를 많게, 다른 하나는 적게 그리세요.

적은 바퀴   많은 바퀴

 구슬이 몇 개인지 세어 보세요.

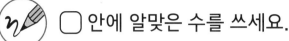 ☐ 안에 알맞은 수를 쓰세요.

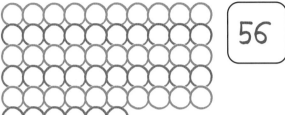 56

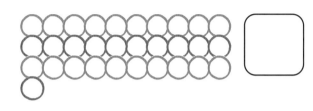

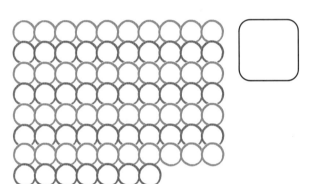

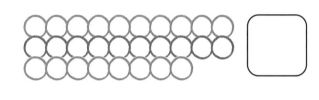

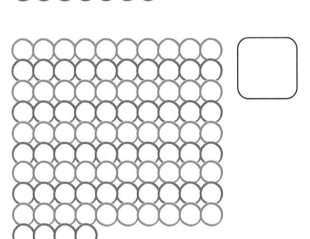

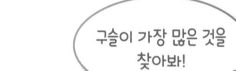

구슬이 가장 많은 것을
찾아봐!

칭찬 스티커를
붙이세요.

 수를 세어 많은 것 찾기 놀이

친구들과 짝을 지어 내기를 해 보세요. 1분 동안 시간을 정하고 뜀뛰기를 하거나
공을 팅겨서 누가 더 많이 했는지 알아보세요.

문제를 다 푼 다음, 32쪽으로!

순서가 틀린 수 찾기

 순서가 틀린 두 수를 찾아 ◯표 하세요.

2 10 17 26 25 31

 수의 순서에 맞도록 빈칸에 수를 쓰세요.

2 10

 순서가 틀린 두 수를 찾아 ◯표 하세요.

44 43 48 57 65 70

 수의 순서에 맞도록 빈칸에 수를 쓰세요.

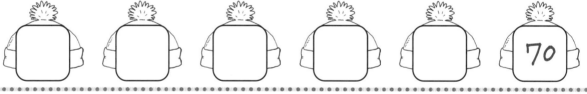

70

 순서가 틀린 두 수를 찾아 ◯표 하세요.

71 73 79 86 83 94

 수의 순서에 맞도록 빈칸에 수를 쓰세요.

71

작은 수부터 순서대로 쓰세요.

19	8	3	11
3	8		

가장 작은 수를 찾아보세요.
찾은 숫자를 하나씩 지워 가며
목도리의 빈칸에 수를 쓰세요.

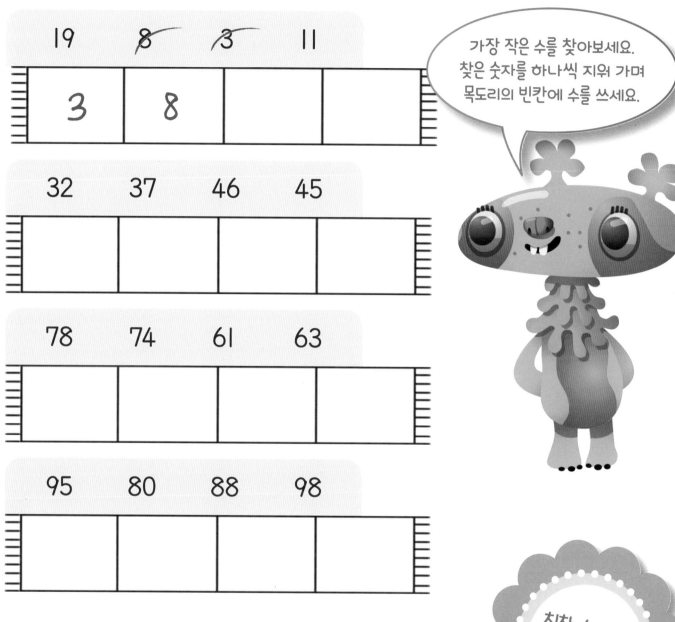

32	37	46	45

78	74	61	63

95	80	88	98

 순서대로 수 쓰기 놀이

0~100 사이의 수 중에서 4개를 골라 보세요. 작은 종이에 4개의 수를
하나씩 쓴 다음, 순서대로 놓아 보세요. 얼마나 빨리 놓을 수 있나요?
다른 수를 골라 같은 방법으로 놀이하세요. 4개에서 5개, 5개에서 6개로
점점 더 수의 개수를 늘려서 놀이해 보세요.

칭찬 스티커를
붙이세요.

문제를 다 푼 다음, 32쪽으로!

수 게임

1번 선수 스티커

시작 72	97	82	66	84	25	39	5	56	3
55									
7									
43									
83	71	12	34	18	91	58	8	27	7

상어 경기 게임

2번 선수 스티커

말을 찾아 봐! 동전이나 작은 장난감이 좋아.

| 44 | 85 | 98 | II | 90 | 47 | II |

| 68 |

수 게임 놀이

두 명이 하는 게임이에요.
각각 상어를 한 마리씩 정하고, 빨간색 시작 칸에 말을 놓아요.
이동하고 싶은 방향으로 2칸씩 동시에 이동해요.
이동한 다음, 말이 놓여 있는 칸의 수를 비교해 보세요.
수가 더 큰 사람이 물고기 스티커를 붙일 수 있어요.
놀이를 반복해서 물고기 스티커 10개를 먼저 붙이는
사람이 이기는 게임이에요.

| 22 |

| 31 |

| 시작 21 |

| 14 | 6 | 60 | 46 | 19 | 98 |

칭찬 스티커를 붙이세요.

문제를 다 푼 다음, 32쪽으로!

나의 실력 점검표

 얼굴에 색칠하세요.

쪽	나의 실력은?	스스로 점검해요!
2~3	0~10까지의 수를 읽고 쓸 수 있어요.	😊 😐 🙁
4~5	11~20까지의 수를 읽고 쓸 수 있어요.	😊 😐 🙁
6	십몇을 10개씩 묶음과 낱개로 셀 수 있어요.	😊 😐 🙁
7~9	1~100까지의 수를 앞으로 세고, 거꾸로 셀 수 있어요.	😊 😐 🙁
10~11	2씩 뛰어 셀 수 있어요.	😊 😐 🙁
12~13	10씩 뛰어 셀 수 있어요.	😊 😐 🙁
14~15	5씩 뛰어 셀 수 있어요.	😊 😐 🙁
16~17	수 이름 퍼즐을 완성할 수 있어요.	😊 😐 🙁
18~19	0~100까지의 수 배열을 완성하고 어림하여 수를 셀 수 있어요.	😊 😐 🙁
20~21	1만큼 더 큰 수와 1만큼 더 작은 수를 세고 쓸 수 있어요.	😊 😐 🙁
22~23	더 큰 수와 더 작은 수에 대해 알아요.	😊 😐 🙁
24~25	0~100까지의 수에서 사이 수와 같은 수를 찾을 수 있어요.	😊 😐 🙁
26~27	0~100까지의 수에서 가장 큰 수와 가장 작은 수를 찾을 수 있어요.	😊 😐 🙁
28~29	0~100까지의 수를 순서대로 정렬할 수 있어요.	😊 😐 🙁
30~31	수 게임 놀이를 할 수 있어요.	😊 😐 🙁

나와 함께 한 공부 어땠어?

정답

2~3쪽

4~5쪽

6~7쪽
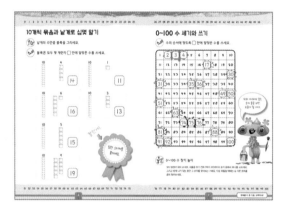

8~9쪽
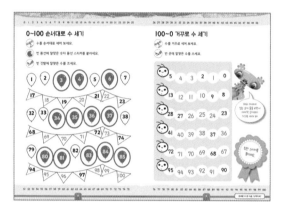

10~11쪽
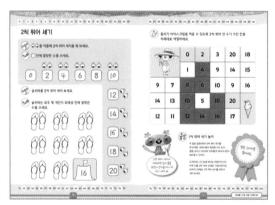

12~13쪽
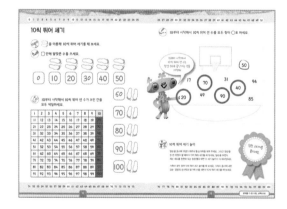

14~15쪽
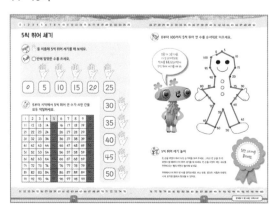

16~17쪽
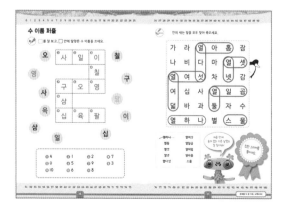

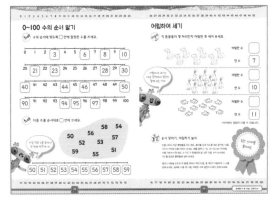

*어림수는 아이마다 다를 수 있습니다.

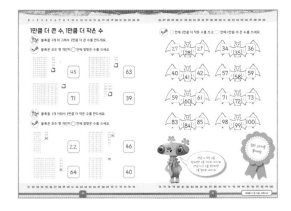

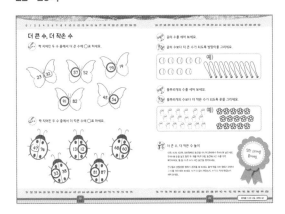

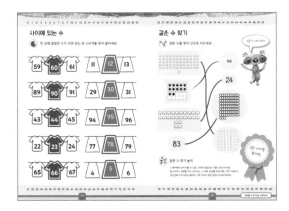

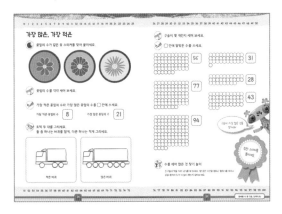

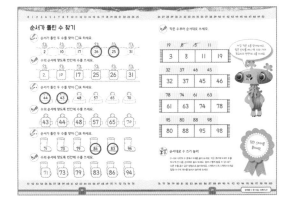

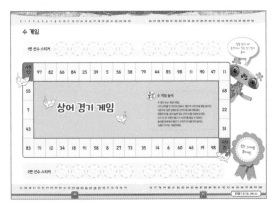

런런 옥스퍼드 수학

2-1 100까지 수 세기

초판 1쇄 발행 2022년 12월 6일
글·그림 옥스퍼드 대학교 출판부 **옮김** 상상오름
발행인 이재진 **편집장** 안경숙 **편집 관리** 윤정원 **편집 및 디자인** 상상오름
마케팅 정지운, 김미정, 신희용, 박현아, 박소현 **국제업무** 장민경, 오지나 **제작** 신홍섭
펴낸곳 (주)웅진씽크빅
주소 경기도 파주시 회동길 20 (우)10881
문의 031)956-7403(편집), 02)3670-1191, 031)956-7065, 7069(마케팅)
홈페이지 www.wjjunior.co.kr **블로그** wj_junior.blog.me **페이스북** facebook.com/wjbook
트위터 @wjbooks **인스타그램** @woongjin_junior
출판신고 1980년 3월 29일 제406-2007-00046호
원제 PROGRESS WITH OXFORD: MATH
한국어판 출판권 ©(주)웅진씽크빅, 2022 **제조국** 대한민국

ISBN 978-89-01-26517-9
ISBN 978-89-01-26510-0 (세트)

잘못 만들어진 책은 바꾸어 드립니다.
주의 1. 책 모서리가 날카로워 다칠 수 있으니 사람을 향해 던지거나 떨어뜨리지 마십시오.
　　　2. 보관 시 직사광선이나 습기 찬 곳은 피해 주십시오.